UN FOCO EN LA NATURALEZA

EL LEOPARDO DE LAS NIEVES

PAMELA DELL

CREATIVE EDUCATION - CREATIVE PAPERBACKS

Publicado por Creative Education y Creative Paperbacks
P.O. Box 227, Mankato, Minnesota 56002
Creative Education y Creative Paperbacks son sellos
de The Creative Company
www.thecreativecompany.us

Diseño de Blue Design, Inc.
Dirección artística de Tom Morgan
Editado por Grace Beltowski

Fotografías de Dreamstime/Mikael Males, 4-5; Getty Images/Abeselom Zerit / 500px, 6, Ali Vidi / 500px, 29, James Devaney, 14, 18, Jeff J Mitchell, 16, Justin Sullivan, 27, Kathleen Reeder Wildlife Photography, 15, 23, 29, Lezh, 3, 6, 28-29, Mark Kolbe, 9, Picture by Tambako the Jaguar, 12, 17, 29, SHIVANG MEHTA, 28, Topical Press Agency, 24; Pexels/Graeme Travers, portada, 1; Shutterstock/ Dennis W Donohue, 21, Jeannette Katzir Photog, 11; Unsplash/Pascal Mauerhofer, 21; Wikimedia Commons/Lydekker, Richard/Biodiversity Heritage Library, 10, Pearson Scott Foresman, 8, 10, 14, 16, 20, 22

Se ha hecho todo lo posible por contactar con los titulares de los derechos de autor del material reproducido en este libro. Cualquier omisión será rectificada en impresiones posteriores si se notifica a la editorial.

Library of Congress Cataloging-in-Publication Data
LCCN: 2024053921
Library binding ISBN: 9798889899273
Paperback ISBN: 9781682779675
eBook ISBN: 9798895810064

Impreso en India

CONTENIDO

CONOCE A LA FAMILIA

LEOPARDOS DE LAS NIEVES

de las montañas de Altai

Siberia es una vasta zona geográfica de Rusia. Se extiende por la mayor parte del norte de Asia. El territorio incluye densos bosques de pinos y abetos, altas cadenas montañosas y zonas llanas y desarboladas denominadas tundra. En las montañas de Altai, al sur de Siberia, el clima es muy frío la mayor parte del año. Los veranos son cortos y frescos. En los bosques viven ardillas, osos y ciervos almizcleros. Las cabras montesas son sólo uno de los mamíferos que viven en las zonas más rocosas y desarboladas. Por todas partes surcan los cielos halcones, águilas y currucas.

En una guarida protegida de estas montañas rocosas y escarpadas, una hembra de leopardo de las nieves se prepara para el nacimiento de su camada. Necesita un lugar seguro y tranquilo para dar a luz. Elige una guarida bien escondida en un estrecho cañón rocoso. Es un lugar donde atrapar presas será fácil. Finalmente, a finales de junio, ha llegado el momento. Tres pequeños cachorros están a punto de nacer.

PRIMER PLANO

Orejas

¡El oído del leopardo de las nieves es agudo! Estos felinos pueden detectar una gama de sonidos muy superior a la que oyen los humanos. Sus orejas son redondeadas, cortas y bastante pequeñas en comparación con las de muchos grandes felinos. Esto les ayuda a evitar la pérdida de calor en climas duros y gélidos.

CAPÍTULO UNO

LA VIDA COMIENZA

Los leopardos de las nieves son raros, **solitarios**, y tímidos, incluso con otros de su **especie**. Estos llamados fantasmas de las montañas viven en 12 países del norte y centro de Asia. China es el país más poblado. Mongolia y la India les siguen. Los leopardos de las nieves también viven en partes de Afganistán, Bután, Kazajstán, República Kirguisa, Nepal, Pakistán, Rusia, Tayikistán y Uzbekistán. Pero más del 70 por ciento del hábitat del leopardo de las nieves no ha sido explorado. Nadie sabe exactamente cuántas de estas criaturas escondidas existen realmente.

Se han propuesto tres subespecies de leopardo de las nieves. Pero todas son esencialmente iguales. La única diferencia real es la región donde se encuentran. Existe el grupo central, el grupo septentrional y el grupo occidental. Los leopardos de las nieves pertenecen a la división de grandes felinos *Panthera*. Pero su parentesco más cercano es el tigre.

HITOS DEL LEOPARDO DE LAS NIEVES

DÍA 1

- Suele nacer a finales de primavera o principios de verano
- Ojos cerrados
- El pelaje es grueso y de color oscuro
- Peso: de 312 a 709 gramos (11–25 onzas)

De tamaño mediano, estos animales tienen un pelaje grueso que les mantiene calientes en su duro clima. El pelaje es de color crema o gris pálido y está moteado con grandes **rosetas** oscuras. Las marcas de los leopardos de las nieves los mantienen bien ocultos en el territorio circundante. Las hembras pesan entre 35 y 40 kilogramos (77–88 libras). Los machos, ligeramente mayores que las hembras, pesan entre 45 y 55 kg (99–121 libras).

PRIMER PLANO

Ojos

Cuando los ojos de los leopardos de las nieves se abren por fin, son azules. Más tarde, el color cambia a verde o a veces a gris, lo que es inusual en otros grandes felinos. Sus ojos están situados en lo alto de la cara. Esto les permite observar a sus presas desde detrás de las rocas sin ser advertidos.

Cuando se trata de cazar, los leopardos de las nieves son **depredadores ápices**. Cazan y matan con facilidad animales que pesan dos o tres veces más que ellos. Nada puede derribarlos, excepto los seres humanos. Las principales presas de los leopardos de las nieves son grandes mamíferos con pezuñas, como íbices, jabalíes y ovejas azules. Pero necesitan mucha comida para

FAMILIA  **DESTACADA**

Bienvenido al mundo

En lo alto de las montañas Altai, la madre leopardo de las nieves está a punto de dar a luz. Su guarida está forrada con el suave pelaje de su cuerpo, perfecto para los recién nacidos. Siente la llegada de los bebés y se estira. Poco después de que nazca el primero, da a luz al segundo. Los limpia lamiéndolos. El lamido también seca el pelaje de los cachorros y estimula su respiración. Son pequeños, pesan sólo unos 425 g cada uno. Tienen el pelaje oscuro. Tienen los ojos cerrados. La madre se acurruca a su alrededor para protegerlos y se echa una merecida siesta.

sobrevivir. También comen grandes ardillas de tierra llamadas marmotas y otros roedores. Las aves de caza silvestres, como faisanes y patos, y a veces el **ganado**. Todos los leopardos de las nieves miden entre 99 y 130 centímetros (39–51 pulgadas) de longitud con colas tan largas o más que sus cuerpos. también son sus presas.

Las crías de leopardo de las nieves nacen a finales de primavera o principios de verano. Cada camada suele tener de dos a cinco cachorros. Son ciegos y apenas pueden gatear. Su madre es su única progenitora, y durante sus dos primeros meses de vida su único alimento será su leche. Pero en unos meses estarán listos para empezar a aprender sus habilidades.

DÍA 7

- Ojos abiertos

DÍA 10

- Puede gatear por la guarida

PRIMER PLANO

Nariz

Los leopardos de las nieves tienen narices anchas y cortas asentadas sobre cabezas bastante pequeñas. Cada cavidad nasal es grande y ancha. Esto les ayuda a absorber más oxígeno a grandes altitudes. También permite que el aire frío se caliente antes de entrar en los pulmones.

FAMILIA DESTACADA

Primera comida

Una de las crías de leopardo de las nieves intenta orientarse. Acaba de nacer y yace indefensa en la guarida forrada de pieles. No puede ver y apenas puede gatear. El calor y el olor de su madre rodean a la cría mientras empieza a alimentarse de la nutritiva leche. En este momento, la cría no tiene dientes. La leche será su único alimento hasta que, en torno a las ocho semanas, le hayan salido los dientes. Entonces empezará a comer alimentos sólidos. Pero aún falta mucho para eso.

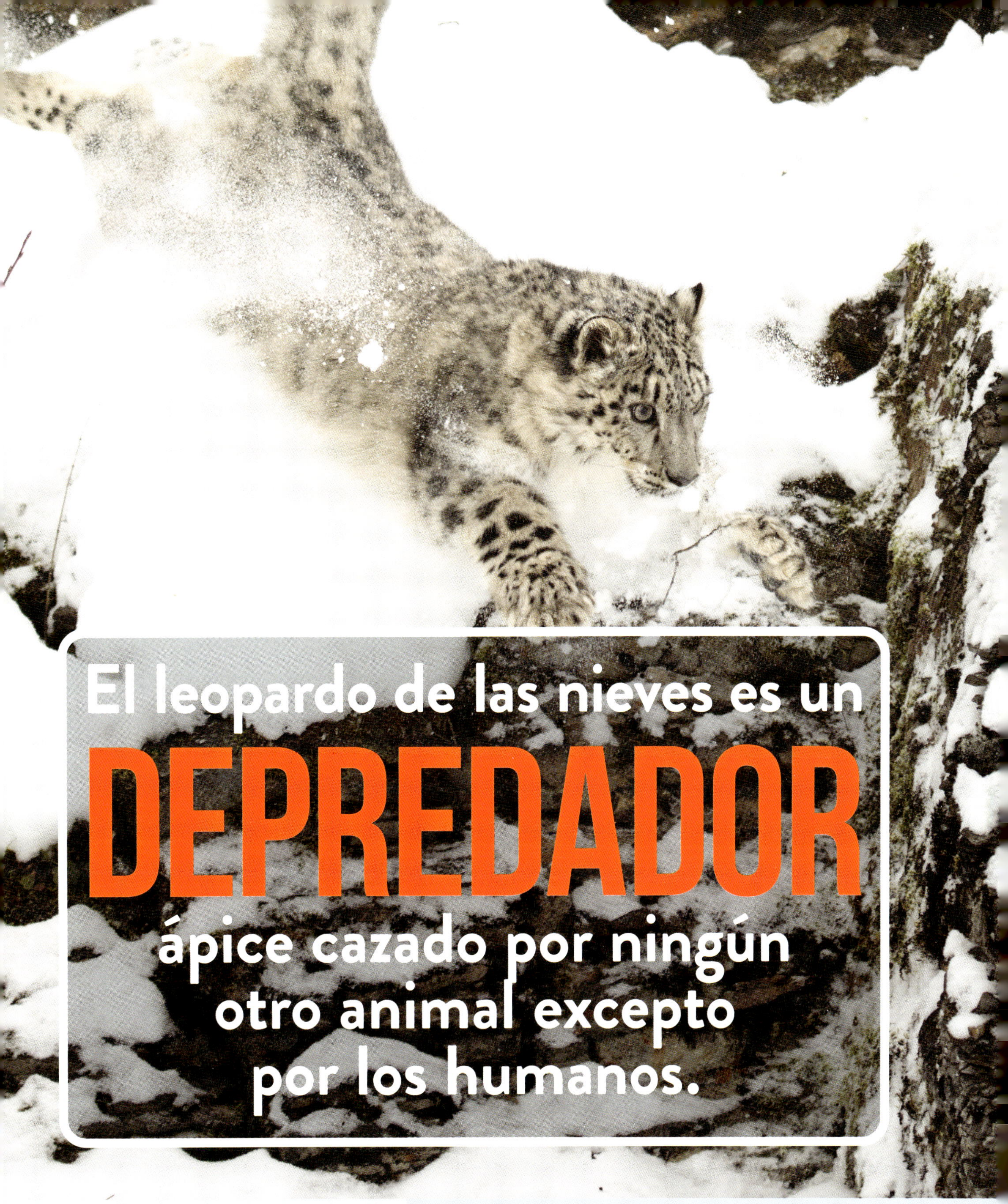

El leopardo de las nieves es un DEPREDADOR ápice cazado por ningún otro animal excepto por los humanos.

DÍA 14

- Orejas abiertas

DÍA 10

- Los cachorros se acurrucan juntos cuando la madre no está
- Aumenta de peso rápidamente, de 283 a 482 g (10 a 17 onzas) por semana.

PRIMER PLANO

Músculos fuertes

Para subir por las escarpadas laderas de las montañas hace falta mucha fuerza muscular. Pero el fornido cuerpo del leopardo de las nieves está bien equipado. Sus patas delanteras son cortas y potentes. También tiene fuertes músculos en el pecho y los hombros. Todo ello le ayuda a mantener el equilibrio al subir pendientes pronunciadas.

CAPÍTULO DOS

PRIMERAS AVENTURAS

La mayoría de los cachorros de leopardo de las nieves nacen cuando el tiempo es cálido y su madre puede encontrar una guarida segura y bien escondida. Suelen nacer en junio o julio. Alrededor de los dos meses, la dieta de los cachorros cambia. Ya tienen dientes. Así que en lugar de beber sólo la leche de su madre, ella comienza a alimentarlos con trozos de comida sólida. Esta comida es carne fresca que ella ha matado y llevado a la madriguera.

A finales del verano, los cachorros de leopardo de las nieves comienzan a aventurarse con su madre en sus cacerías, pero sólo para observar y aprender. Cada caza les enseña más. A finales de otoño, la nieve llega al hábitat de alta montaña de los felinos. El tiempo se vuelve duro y frío. Pero el pelaje de los leopardos de las nieves es ahora mucho más grueso, lo que les proporciona una excelente protección frente a las gélidas temperaturas. Las crías también están preparadas para algo más. En invierno, es hora de que empiecen a cazar por su cuenta. Las presas son más difíciles de encontrar, pero las nieves profundas no detienen a estos felinos. Son cazadores crepusculares. Eso significa que

5 SEMANAS

- Capaz de caminar erguida

6 SEMANAS

- La madre empieza a dejar a los cachorros solos mucho más tiempo para cazar

PRIMER PLANO

Patas traseras

Las patas traseras de un leopardo de las nieves son más largas que las delanteras e increíblemente poderosas. Los leopardos de las nieves pueden atacar a grandes presas cuesta abajo de un solo salto. Ese salto puede medir hasta seis veces la longitud de su propio cuerpo.

FAMILIA DESTACADA

La vida en el exterior

Los dos cachorros de leopardo de las nieves crecen rápidamente. El pelaje oscuro que tenían al nacer se está aclarando, como el de su madre. Los dos se quedan cerca de ella cuando se aventuran fuera de la madriguera. Pero por ahora su madre permanece cerca de casa, vigilándolos. Los cachorros son demasiado jóvenes para preocuparse por el peligro. Juegan libremente. También juegan bruscamente, saltando y abalanzándose unos sobre otros. Así desarrollarán sus habilidades para cazar con éxito más adelante. Pero no dejarán a su madre hasta casi los dos años.

son más activos al amanecer y al atardecer. Son cazadores astutos en estas horas. Casi invisibles en su hábitat, vigilan y esperan. Cuando pasa una cabra montés desprevenida, el gato salta y la persigue. La presa no tiene ninguna oportunidad. Ahora, por fin, se unen los cachorros.

Cazar por su cuenta es la primera marca de independencia del leopardo de las nieves. Excepto cuando se aparean o crían, estos grandes felinos llevan una vida sigilosa y solitaria.

2 MESES

- Ha empezado a comer alimentos sólidos
- Puede correr bien

10 SEMANAS

- **Destete** de la leche materna

PRIMER PLANO

Patas

Las enormes y redondas patas del leopardo de las nieves funcionan como raquetas de nieve, impidiendo que los felinos se hundan en la nieve profunda. La parte inferior de sus patas está acolchada con pelo. Esto les proporciona tracción y les protege los pies del suelo rocoso y de la nieve helada.

FAMILIA  DESTACADA

Pruébalo

La madre leopardo de las nieves está al acecho en busca de comida. Sus dos cachorros de seis meses están con ella. Observando a su madre, empiezan a aprender a acechar a los animales. La madre se mueve lenta y silenciosamente en busca de presas. Pero los cachorros son enérgicos. Juegan a atacarse unos a otros. Retumban, dan tumbos y ruedan por la escarpada ladera del acantilado. Quieren comida, y el juego es su primera forma de cazar. Pero para su madre, son una distracción del trabajo. Debe trabajar el doble con sus cachorros a cuestas.

Los cachorros de leopardo de las nieves aprenden todo pegándose a su MADRE.

3 MESES

- Empieza a acompañar a la madre fuera de la madriguera para aprender a cazar y otras habilidades
- Peso: 5,6 kg (12,5 libras)

6 MESES

- Empieza a cazar con la madre al llegar el invierno

PRIMER PLANO

Cola

En comparación con la mayoría de los felinos salvajes, los leopardos de las nieves tienen una cola excepcionalmente larga y gruesa. Mide entre 80 y 105 cm (31,5–41,3 pulgadas) y proporciona equilibrio y estabilidad en terrenos rocosos. Cuando duermen, los leopardos de las nieves se mantienen calientes envolviéndose el cuerpo y la cara con la cola.

CAPÍTULO TRES

LECCIONES DE LA VIDA

La vida en la naturaleza es dura, incluso para un depredador como el leopardo de las nieves. En libertad, suelen vivir entre 10 y 13 años. En los zoológicos pueden llegar a vivir 22 años. En su remoto hábitat natural, viven a altitudes de entre 3.048 y 3.962 metros (10.000–13.000 pies). Cuando llega el invierno, siguen a sus presas a cotas más bajas, a veces de hasta 914 m (3.000 pies) o menos. Suelen evitar los bosques y las zonas de pradera.

Los leopardos de las nieves buscan territorios en los que haya comida y refugio disponibles. El tamaño de su territorio depende de estos factores y varía enormemente. En lugares con muchas presas, entre cinco y diez leopardos de las nieves pueden compartir un área de tan sólo 161 kilómetros cuadrados (62 millas cuadradas). Pero en algunos territorios escasea la comida, lo que les obliga a recorrer grandes distancias. Sólo cinco felinos

18-22 MESES

- Permanece con la madre
- Sigue aprendiendo técnicas de supervivencia

2 AÑOS

- Deja a la madre y se independiza

podrían necesitar hasta 1.608 kilómetros cuadrados (621 millas cuadradas) para encontrar presas suficientes para mantenerse con vida.

Aunque no son muy agresivos, los leopardos de las nieves machos a veces persiguen a sus cachorros. Por eso, las hembras deben vigilar de cerca a sus crías cuando están con ellas. Otra fuente de peligro son las caídas desde grandes alturas. Los leopardos de las nieves son escaladores natos. Maniobran salientes altos y estrechos como equilibristas. No tienen miedo cuando se lanzan por precipicios escarpados tras su presa. Pero un paso en falso, un resbalón, y un leopardo de las nieves puede caer y morir. Una persecución dramática puede acabar en una caída fatal. No es sólo una amenaza para los leopardos de las nieves jóvenes. Incluso un adulto experto puede resbalar.

FAMILIA DESTACADA

Así se hace

La hembra de león de las nieves, de un año de edad, caza con su madre. Se acerca la primavera y ella ha perfeccionado sus habilidades. No deja de mejorar. Abajo, pasta una oveja azul. La joven felina se acerca sigilosamente, preparándose para un ataque sorpresa. Sin previo aviso, salta hacia abajo. La oveja se sobresalta y sale corriendo para salvar su vida. Tropieza, pero sigue corriendo. Detrás de ella, el leopardo de las nieves la persigue a toda velocidad. Pero la oveja levanta polvo en la cara del felino y escapa. Mañana intentará tener más suerte.

PRIMER PLANO

Pelaje

Un pelaje grueso y moteado sirve de **camuflaje** y mantiene caliente al leopardo de las nieves cuando hace mucho frío. El pelaje de la espalda y los costados mide unos 5 cm (2 pulgadas). En la parte inferior mide casi 12,7 cm (5 pulgadas).

2-3 AÑOS

- Las hembras alcanzan la madurez sexual
- Las hembras dan a luz a la primera camada
- La camada consta generalmente de 2 a 5 cachorros

4 AÑOS

- Los machos alcanzan la madurez sexual

Los cachorros siguen el ejemplo de su madre. A medida que crecen, se vuelven más hábiles en terrenos difíciles y en la caza. Sus primeras cacerías reales tienen lugar a finales de otoño o principios de invierno de su primer año. Cuando llega la primavera, ya tienen más experiencia. Una madre leopardo de las nieves no volverá a aparearse hasta que sus cachorros sean independientes. Por ahora, necesitan todo su tiempo. No la abandonarán y se lanzarán por su cuenta hasta que tengan entre 18 y 22 meses. Una vez que lo hagan, los hermanos pueden empezar a salir juntos. Pero en algún momento, cada león de las nieves **subadulto** debe encontrar su propio territorio al que llamar hogar.

PRIMER PLANO

Vocalizaciones

La forma en que está construida la garganta del leopardo de las nieves significa que no puede ronronear como los gatos domésticos. Tampoco puede rugir como muchos grandes felinos. Los leopardos de las nieves suelen emitir un sonido amistoso llamado "chuffing". También silban, gimen, aúllan y gruñen.

FAMILIA DESTACADA

La práctica hace al maestro

Cuando se pone el sol, el leopardo de las nieves macho, ya casi adulto, sale a cazar. Está alerta y vigilante. Se mueve silenciosamente por los escarpados y remotos acantilados y las rocas desnudas. Cuando divisa un jabalí, baja el cuerpo y se desliza de roca en roca. Entonces lanza su repentino ataque. El jabalí, aterrorizado, huye y comienza la persecución. Pero la presa no es rival para este depredador. El león de las nieves arremete y abate rápidamente al jabalí. Lo mata de un mordisco en la garganta. ¡Éxito!

LEOPARDOS DE LAS NIEVES

desafían las altas cornisas rocosas para atacar a sus presas desde arriba.

10-13 AÑOS

- Fin de la vida de los animales salvajes

22 AÑOS

- Fin de la vida de los animales en cautividad

CAPÍTULO CUATRO

AYUDANDO A LOS LEOPARDOS DE LAS NIEVES A SOBREVIVIR

Los leopardos de las nieves están catalogados como vulnerables por la Unión Internacional para la **Conservación** de la Naturaleza (UICN). Esto significa que no es una de las especies más amenazadas del mundo. Pero se cree que su número está disminuyendo en algunos de sus hábitats. Por ello, personas de todo el mundo se esfuerzan por proteger y salvar a los leopardos de las nieves.

Las principales amenazas para estos bellos felinos son las mismas que para otros muchos animales en peligro. En muchos sentidos, el ser humano es el mayor problema. Los **cazadores furtivos** matan leopardos de las nieves. Luego venden sus pieles, huesos y otras partes del cuerpo en mercados ilegales. Los furtivos también cazan las presas que los leopardos de las nieves necesitan para sobrevivir. Además, los humanos se están apoderando cada vez más del hábitat remoto de estos felinos. La construcción de minas, presas y carreteras reduce su espacio. Las nuevas carreteras y otros medios de transporte facilitan el trabajo de los cazadores furtivos. Otra amenaza son los agricultores. Cuando no hay suficientes presas salvajes, los leopardos de las nieves pueden atacar al ganado. Los ganaderos de la mayoría de las zonas donde esto ocurre son pobres. Necesitan todos los animales que tienen. Por eso suelen matar a los felinos que amenazan sus rebaños.

Afortunadamente, cada día llega más ayuda. Los leopardos de las nieves están protegidos por ley en casi todos los países de su área de distribución. Una de las primeras organizaciones, Snow Leopard Trust, se fundó en 1981. Esta organización sigue trabajando con las comunidades locales en lugares como Pakistán, India y el sur del desierto de Gobi. Educa a la población y trabaja para proteger el hábitat del leopardo de las nieves.

El Programa Mundial para la Protección del Leopardo de las Nieves y los Ecosistemas (GSLEP) también tiene muchos objetivos de gran alcance. Uno de ellos es conseguir que todas las naciones con poblaciones de leopardo de las nieves compartan por igual las prácticas de conservación. Para impulsar este objetivo, el GSLEP organizó en 2013 el primer Foro Mundial para la Conservación del Leopardo de las Nieves. Asistieron miembros de todos los países del área de distribución del leopardo de las nieves. En la actualidad, la GSLEP trabaja con gobiernos y comunidades locales para desarrollar medidas de protección. Otra misión importante es preservar grandes áreas de hábitat para garantizar la seguridad de los leopardos de las nieves.

Estos esfuerzos reflejan solo algunos de los muchos programas mundiales para salvar y aumentar el número de leopardos de las nieves. Si todos trabajamos juntos, el misterioso fantasma de las montañas será menos vulnerable. Puede que incluso tenga un futuro seguro.

INSTANTÁNEAS

Los leopardos de las nieves están más emparentados con los tigres que con otros grandes felinos conocidos como leopardos.

Dado que los leopardos de las nieves jóvenes permanecen con sus madres hasta 22 meses, las hembras sólo se aparean cada dos años.

Alrededor del 60 por ciento de los leopardos de las nieves del mundo viven en China. Pero se ha explorado menos del 30 por ciento de todo su hábitat.

Como los leopardos de las nieves viven en grandes extensiones, a los científicos les resulta muy difícil calcular con precisión su número.

Los esfuerzos de conservación están aumentando gradualmente las poblaciones de leopardos de las nieves en algunos lugares. En Bután, hay alrededor de un 40 por ciento más de leopardos de las nieves desde 2016.

Según los estudios, más del 90 por ciento de la caza furtiva de leopardos de las nieves denunciada se produce en cinco países: China, Mongolia, India, Pakistán y Tayikistán.

Los leopardos de las nieves son más tímidos que agresivos. Nunca se ha informado de que uno de estos felinos haya atacado a un ser humano.

El leopardo de las nieves es el animal nacional de Pakistán.

La larga y tupida cola del leopardo de las nieves está hecha de músculo y grasa. Se ha descrito como "más gruesa que el antebrazo de un hombre".

Las marcas de la frente de los leopardos de las nieves varían mucho entre sí. Comparar estas marcas es la mejor manera de identificar a cada felino.

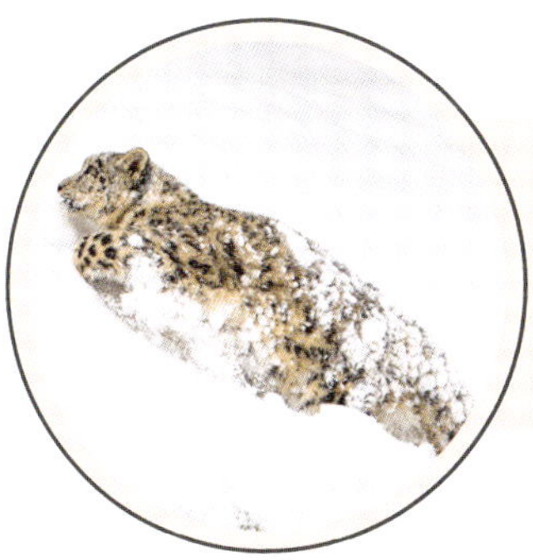

Una piel gruesa y de alta calidad de leopardo de las nieves valdría al menos 60.000 dólares en el mercado negro ilegal.

PALABRAS para saber

camuflaje	la coloración natural de un animal que le ayuda a mimetizarse con su entorno y a no ser visto fácilmente
cazador furtivo	alguien que captura o mata animales ilegalmente con fines lucrativos
conservación	acciones emprendidas para proteger y preservar a los animales y el medio ambiente
depredador	ápice un animal en la cima de la cadena alimentaria; un animal que caza y que no suele ser cazado por otros animales
destetar	acostumbrar a un bebé a un alimento distinto de la leche materna de la madre
especie	un grupo de seres vivos que tienen características compartidas y que son capaces de reproducirse entre sí
ganado	animales mantenidos y criados para uso y beneficio humano; animales de granja
roseta	una marca en forma de rosa en el pelaje de un animal
solitario	que vive solo
subadulto	"adolescente" o animal joven que aún no ha alcanzado la madurez total
tracción	buen agarre en superficies inciertas

Visita

BRONX ZOO

Visita la exposición Himalayan Highlands para ver 10 leopardos de las nieves y otros animales salvajes de Asia central.

2300 Southern Boulevard
Bronx, Nueva York 10460

FILADELFIA ZOO

Ve a Big Cat Falls y saluda a los leopardos de las nieves Yuki y Marcy.

3400 West Girard Avenue
Filadelfia, PA 19104

PARQUE NACIONAL DE HEMIS

Este parque alberga la mayor concentración de leopardos de las nieves del mundo en una zona protegida.

Hemis, distrito de Leh
Ladakh, India

ZOOLÓGICO DE SAN FRANCISCO

Los leopardos de las nieves pueden verse fuera de la Casa del León, cerca de la Fuente del León.

Sloat Boulevard & Upper Great Highway
San Francisco, CA 94132

ÍNDICE